Karl Ballmer

Die moderne Physik ein philosophischer Wert?

(1951)

Edition LGC
Siegen / Sancey le Grand
2010

Veröffentlicht aus dem Nachlass Karl Ballmers mit freundlicher Genehmigung des Staatsarchives des Kantons Aargau (Schweiz). Die Herausgabe besorgte Martin Cuno.

Die Verfügungsrechte am schriftlichen Nachlass Karl Ballmers (1891-1958) befinden sich beim Staatsarchiv des Kantons Aargau. Die Edition LGC befasst sich mit Erfassung und verlegerischer Erschließung.

2., erweiterte Auflage 2010

Herstellung: Books on Demand GmbH, Norderstedt

ISBN 978-3-930964-20-8

Zur Malerei Karl Ballmers (und zu seiner Biographie) siehe die Monographie von Beat Wismer: Karl Ballmer – Der Maler, Baden (Schweiz), Verlag Lars Müller 1990 (herausgegeben vom Aargauer Kunsthaus und von der Karl Ballmer Stiftung).

Weitere Schriften Karl Ballmers erscheinen auch im Verlag Fornasella, CH-6863 Besazio, Tel. 0041-91-6463787

Ergänzendes Material zu den hier veröffentlichten Texten finden Sie zukünftig ggf. unter der unten genannten Internetadresse.

www.edition-lgc.de

Inhalt

Die moderne Physik
ein philosophischer Wert?

Agitierende Buchtitel wie „Die Physik des 20. Jahrhunderts" (P. Jordan) können beim Laien die Vorstellung veranlassen, die „neue" Physik sei eine systematisch einheitliche Mächtigkeit. Dem Sachkenner verbietet sich diese Illusion, er sieht die „moderne Physik" in mindestens zwei prinzipiell unvereinbare Komplexe zerfallen. Die „Relativitätsphysik" anerkennt ein der Forschung vorausliegendes Objekt; die „Quantenmechanik" rechnet dagegen nicht mit dem Insichselbstbestehen des Objektes, sie nimmt an, der Beobachtungsgegenstand werde durch den Messakt des Beobachters „objektiv" verändert.

A. Einstein schreibt 1948 in „Dialectica": „Fragt man, was unabhängig von der Quantentheorie [lies: trotz der Quantentheorie, K.B.] für die physikalische Ideenwelt charakteristisch ist, so fällt zunächst folgendes auf: die Begriffe der Physik beziehen sich auf eine reale Außenwelt, d.h. es sind Ideen von Dingen gesetzt, die eine von den wahrnehmenden Subjekten unabhängige 'reale Existenz' beanspruchen (Körper, Felder, etc.), welche Ideen andererseits zu Sinneseindrücken in möglichst sichere Beziehung gebracht sind. Charakteristisch für diese physikalischen Dinge ist ferner, dass sie in ein raumzeitliches Kontinuum eingeordnet gedacht sind. Wesentlich für diese Einordnung der in der Physik eingeführten Dinge erscheint ferner, dass zu einer bestimmten Zeit diese Dinge 'in verschiedenen Teilen des Raumes liegen'. Ohne die Annahme einer solchen Unabhängigkeit der Existenz (des 'So-Seins') der räumlich distanten Dinge voneinander, die zunächst dem Alltagsdenken entstammt, wäre physikalisches Denken in dem uns geläufigen Sinne nicht möglich. Man sieht ohne solche saubere Sonderungen auch nicht, wie physikalische Gesetze formuliert und geprüft werden könnten. Die Feldtheorie hat dieses Prinzip zum Extrem durchgeführt, indem sie die ihr zugrunde gelegten voneinander unabhängig existierenden elementaren Dinge sowie die für sie postulierten Elementargesetze in den unendlich-kleinen Raum-Elementen (vierdimensional) lokalisiert".

Das ist die – unentbehrliche – Einstein-Komponente. Die andere Komponente der „Physik des 20. Jahrhunderts" ist gekennzeichnet durch Sätze von Prof. Arthur March in seinem ausgezeichneten Lehrbuch der „neuen" Physik („Natur und Erkenntnis", Wien 1948, *S. 213*): „Es ist also so, dass die heutige Physik zumindest für die Mikrowelt der elementaren Partikeln eine objektive Wirklichkeit nicht kennt. Die Welt ist nach ihr vom beobachtenden Subjekt nicht trennbar und es ist gerade dieser Mangel an Objektivierbarkeit, der dem Anfänger das Verständnis der Quantenmechanik so erschwert, weil er ihren Ideen alle Anschaulichkeit nimmt. Der unvoreingenommene Verstand verfällt unwillkürlich immer wieder in den Fehler des Objektivierens, und es fällt ihm schwer, sich an den Gedanken zu gewöhnen, dass der Beobachter, da er selber einen Teil der physischen Welt bildet, unlösbar mit den Erscheinungen verknüpft ist." – Es ist gleichsam ein freundliches Entgegenkommen von Prof. March, wenn er das So-Sein der Planeten vom Korrelativitätsverhältnis mit dem Beobachter dispensiert: „Der Gedanke einer objektiven Welt bleibt nur für die Makrokörper nach wie vor verwendbar. Diese Körper sind zu schwerfällig, als dass die kleine Konstante h auf sie eine Wirkung ausüben könnte; hier sind daher die Rückwirkungen, welche unsere Beobachtungen auf die Körper hervorrufen, vernachlässigbar klein und es sind die Voraussetzungen für die Konstruktion einer objektiven Welt gegeben. Die Planeten durchlaufen unabhängig davon, ob sie beobachtet werden oder nicht, die ihnen vorgeschriebenen Bahnen, und die messende Verfolgung ihrer Bewegung vermittelt uns lediglich ihre Kenntnis, ohne das, was sie feststellt, irgendwie zu verändern." – Es bedeutet natürlich eine fatale Inkonsequenz, dass – nach March – der Beobachter den Gegenstand „objektiv" verändern soll, während doch nicht einzusehen ist, wie überhaupt der Begriff des Objektiven zur Verwendung gelangen darf, wenn er auf einem Teilgebiet, und dazu auf dem interessantesten und wichtigsten, ausgeschlossen ist.

Wenn „Wissenschaft" nicht Selbstbetrug – und jedenfalls mehr als ein Spiel zwecks Beherrschung der Natur – sein soll, hat sie sich über ein klar angebbares transzendentes OBJEKT als Prius der wissenschaftlichen Forschung auszuweisen. Die Leugnung des der Forschung vorausliegenden, durch sich selbst bestehenden und in sich selbst vollendeten Objektes bedeutet zweierlei: erstens Atheismus und zweitens A-Wissenschaft. Philosophisch ernst zu nehmende Physik kann nur Gotteslehre sein. Der Sinn und Gehalt der „Physik des 20. Jahrhunderts" ist die Teilhabe am Prozess der Liquidation der abendländischen Gottesvorstellung. Eine philosophisch relevante Universelle physikalische Weltanschauung umschließt in ihrem Problem alle denkbaren theologischen, philosophischen und psychologischen Fragen.

Das Abendland hat keine selbstständige Wissenschaftstheorie hervorgebracht. Die „exakte Naturwissenschaft" hat zu den Grundbegriffen, die man von den griechischen Wissenschaftsvätern bezog, keinen einzigen neuen hinzugefügt (ausgenommen Goethes Begriff der Metamorphose). Es musste aus europäischer „Wissenschaft" exakt soviel wieder herauskommen, als am Beginne die Griechen in sie hineingesteckt hatten.

Die abendländische Physik beruht auf dem einzigen Gedanken, dass Gott nicht ein K Ö R P E R sei. Das ist der *weltanschauliche* Gehalt der wissenschaftlichen Physik, der „klassischen" wie der „modernen". Plato konnte sich nicht zumuten, unter dem höchsten „Guten" den Körper Hans Kunz zu verstehen. Der unkörperliche Gott ist nicht etwa ein Forschungsresultat oder ein Postulat der abendländischen Physik. Sondern im Zeitalter Galileis und Newtons herrschte die Gewohnheit, Gott unkörperlich vorzustellen, und auch die Physiker waren von dieser Denkgewohnheit beherrscht. Man entdeckt aber bekanntlich die Geheimnisse der Natur „durch Wissen hindurch“ (Schmalenbach), d.h. dass die Schöpfer der „exakten Naturwissenschaft“ genau so viel von der Natur enträtselten, als sie „wussten“.

Der entscheidende griechische Gedanke, dass der Körper, weil er nicht Gott ist, sich nicht autonom selbst „bewegt“, sondern von der blamablen „Seele“ (des Aristoteles) bewegt wird, bildet das Fundament der exakten Naturwissenschaft als Mechanik. Das „Trägheitsgesetz“ Galileis und Newtons ist ein Monument des griechischen Unvermögens, den Körper als solchen als Prinzip und Subjekt der Veränderung zu wissen. Durch das „Trägheitsgesetz“ ist die abendländische Physik *Weltanschauung*; durch nichts anderes sonst als durch das „Trägheitsgesetz“ ist die Physik *philosophisch* belangvoll. Wie steht es denn mit dem Prinzip und Subjekt der *Veränderung* in der klassischen Physik? Das erste Erfordernis eines Systems der Physik ist ein sachhaltiges Prinzip der Veränderung. An der Frage des Prinzips der Veränderung entschied sich das Schicksal der abendländischen Physik – ob sie ein philosophischer Wert sei – schon in ihrer Geburtsstunde. Als Galilei und Newton die *Bewegung* der irdischen und außerirdischen Körper erforschten, da war das Interessante an der Bewegung nicht die Bewegung und auch nicht die Geschwindigkeit, sondern die *Änderung* der Geschwindigkeit. Da im Abendland Gott kein Körper und außerdem unveränderlich war, konnte das persönliche Wirken Gottes nicht als physikalisches Prinzip der Veränderung in Betracht kommen. Dagegen konnte es im Abendlande geschehen, dass man die Geschwindigkeits-*Änderung* zur „Kraft“ und zum Aktor des als Mechanik verstandenen Weltvorganges erkor, zum tristen Ersatz für ein *echtes* Prinzip der Veränderung.

Damit Änderung sei, muss ein ETWAS da sein, das sich verändert. Dieses Etwas ist der Gott Körper. In der klassischen Physik bedient man sich eines Ersatzes für dieses Etwas, das Ersatz-Etwas „Geschwindigkeit" dient zur Verschleierung des dogmatischen Vorurteils, der Körper sei nicht Gott. Dass die Schöpfer der Physik die Geschwindigkeit jedenfalls als ein Attribut der Körperwelt verstehen, ist ja ganz selbstverständlich. Dass die Geschwindigkeit ein *Selbstverhältnis* des Gottes Körper sei, nämlich die Geschwindigkeit des *Werdens* des Gottes Körper zu dem, der er schon immer ist, – dieser Gedanke war aus den griechischen Denkgewohnheiten der Abendländler Galilei und Newton nicht zu erraffen. Frugen die Schöpfer der Physik wenigstens: Was ist Geschwindigkeit? Nein, sie zogen der Frage eine absurd leichtfertige Antwort vor: „Wenn ein Körper weder geschoben, noch gezogen oder sonstwie bearbeitet wird, kurz, wenn auf ihn keine äußeren Kräfte einwirken, so bewegt er sich gleichförmig, das heißt immer mit der gleichen Geschwindigkeit und geradlinig." – „Stellen wir uns eine vollkommen glatte Straße vor und denken wir uns einen Karren mit Rädern, bei denen es überhaupt keine Reibung gibt. Einen solchen Karren könnte nichts mehr aufhalten; er müsste bis in alle Ewigkeit weiterrollen." (Einstein/Infeld: Die Evolution der Physik, 1950. *S. 19 u. 18.)* Das Dogma, dass unbeeinflusste Körper sich in Ewigkeit gleichförmig geradeaus bewegen, scheint von einem Theologenkonzil und nicht von Physikern ausgeheckt zu sein. Irgendwann früher einmal, vermutlich in einer früheren Ewigkeit, wurde ganz einfach den Körpern der Impuls erteilt, und nun bewegen sie sich ewig gleichförmig-geradlinig, zwecks Verhinderung der Ernsthaftigkeit der Gott-Frage. Ich fürchte doch, dass es sich mit der

Ewigkeit gewisser fataler Physikdogmen gleich verhält wie mit dem Karren, der bis in alle Ewigkeit weiterzurollen gedenkt.

Die „neue" Physik frequentiert den Feld-Gedanken. Waren die Inauguratoren der Feld-Idee *keine* Mechaniker? Ich meine, Faraday und Maxwell wären sich nicht als Physiker vorgekommen, wenn sie auch nur von ferne hätten daran denken sollen, dass möglicherweise gegenüber den elektrischen Erscheinungen die bisherigen physikalischen Grundvorstellungen – uninteressant seien. Wie hätte man auch – im Abendland – zu der Vorstellung kommen sollen: Elektrizität als Substanz sei – *Gedanke*? – wo doch laut christlicher Philosophie der stofffreie Gedanke nicht eine der Metamorphosen (wie Licht und Wärme) des K Ö R P E R S Hans Kunz sein darf, womit eben „Feld" und „Raum" nur wesenlose Rechenmittel sind, aber immerhin, laut These, „Realitäten". Die vielgenannte „Grundlagenrevision", die in der neuen Physik stattgefunden habe (Heisenberg: Wandlungen in den Grundlagen der Naturwissenschaft, 8. Auflage 1948), hat den Begriff der Quanten-*Mechanik* nicht verhindert. Ein Erfolg der „Grundlagenrevision" soll darin bestehen, dass man eine Vielzahl von „abgeschlossenen Theorien" als gleichberechtigt nebeneinander wirksam hat (Heisenberg in Dialectica, 1948, *S. 331ff*), worauf sich dann die Hoffnungen auf die „Einheit des naturwissenschaftlichen Weltbildes" gründen.

Der *philosophische* Gehalt auch der „neuen" Physik erwächst aus dem „Trägheitsgesetz". Dieses Geheimnis wird gelegentlich ungeniert ausgeplaudert. Prof. March: „Unsere Metrik bringt es zustande, die Partikel mit einer Ausdehnung auszustatten und ihr zugleich doch alle Eigenschaften eines Punktkörpers zu belassen." *(A.a.O., S. 197)* Die abendländische Physik ist im Zeichen des „Trägheitsgesetzes" philosophische *Weltanschauung,* sie hat Anspruch darauf, als solche philosophisch beurteilt zu werden. Das „Trägheitsgesetz" ist die Konsequenz und der reine Ausdruck der griechischen Seelenwissenschaft, die unter Seele oder Gott nicht den Gott Körper versteht.

Wir sind dabei, das aristotelische Übel „Seele“ loszuwerden, mit oder ohne Erlaubnis der römischen Seelenwissenschaft. Jedenfalls lautet das unüberholbare Grundaxiom jeder philosophischen Anthropologie, dass Körper und Seele das Gleiche sind, nur von zwei Seiten angesehen. Aristoteles vertölpelte die Ansicht vom Menschen, indem er den Körper als den bloß „möglichen“ Menschen ansieht, zu dem von außen die famose „Seele“ hinzutritt, um aus dem möglichen Menschen die „Wirklichkeit“ eines Körpermenschen zu machen. Wenn also Aristoteles unter dem Wesen des Menschen die „Seele“ verstand, so wurde von Aristoteles her die abendländische Wissenschaft vom Menschen zur „Psychologie“ anstatt zur – Physik. Heute ist einzusehen, dass eine Psychologie oder Gottlehre nur als Universelle Physik zu haben ist. Als höfliche Empfehlung an Jung und ähnliche treuherzige Optimisten. –

Das SUBJEKT des physikalischen Geschehens steht zur Frage, wenn Physik Lehre von Gott sein muss. Herr von Weizsäcker (der Mediziner), der in origineller Weise auf das alte Problem der *Bewegung* gestoßen ist, hat „das Subjekt eingeführt“, leider nur in die heteronome „Biologie“. – Schließlich wird auch die sogenannte Welt-Geschichte – als Kapitel der Universellen Physik – ihr Subjekt des Weltgeschehens haben wollen.

Nicht mehr als gerade so viel, als die griechischen Väter in das eine Ende des Wissenschaftskanals einschossen, entnahm man im Abendland dem anderen Ende. Die große Blamage, zu der uns die Griechen verhalfen, betrifft den Begriff der *Zeit*. Dass die Zeit ein Attribut des *abgeschlossenen* Weltvorganges sei, eine Wechselwirkung zwischen dem Anfang und dem Ende des vollendeten Weltprozesses, diesen Gedanken dachten die Griechen ebensowenig wie den Gedanken vom Gott Körper.

Wenn der Weltvorgang den Inhalt hat: der Gott Körper *wird*, was er schon immer ist, – dann ist die Zeit zwischen dem Anfang und dem Ende des Weltvorganges die Zeit Gottes, „Gottes eigene Zeit“ (K. Barth), also „absolute“ Zeit. Diese wird es dort nicht geben können, wo man sich vom physikalischen Humanismus der griechischen Wissenschaftsväter noch nicht verabschiedet hat. Wenn es die absolute Zeit und das absolut objektive in sich vollendete Weltgeschehen nicht gäbe, dann gäbe es nicht den – Menschen. „Die Hoffnung, man werde ... doch noch dem objektiven Geschehen in Raum und Zeit oder der absoluten Zeit auf die Spur kommen, dürfte nicht besser begründet sein als die Hoffnung, irgendwo in den unerforschten Teilen der Antarktis werde schließlich doch das Ende der Welt gefunden werden.“ (Werner Heisenberg, Wandlungen in den Grundlagen der Naturwissenschaft, 8. Aufl. 1948, *S. 13*)

*

Man nimmt an, man sei Mensch. Was mich betrifft, so bin ich nicht ein Mensch, ich bin ein Hans Kunz. Ich bin nicht ein Exemplar der Gattung Mensch. „Mensch“ als Gattung ist ein bloßer Gedanke. Als Körper, der zu sich – vielleicht sehr illusorisch – „Ich“ sagt, bin ich der Hans Kunz. Da jedoch der Hans Kunz ein anderer ist als ich (der Schreibende), so bin ich nicht der Hans Kunz: ich bin *ein* Hans Kunz.

Indem ich ein Hans Kunz bin, was bedeutet dann „Mensch“? Wenn mit der Bezeichnung „Mensch“ *ich* (der Schreibende) gemeint bin, der ich mein Körper bin, dann ist „Mensch“ kein Name, den ich auf Andere anwenden könnte, denn Andere sind weder ich (der Schreibende) noch sind sie mein Körper. Sonstige Namen sind auf eine Vielzahl des Bezeichneten anwendbar, z.B. der Name Katze auf eine Vielzahl von Tieren mit bestimmten Merkmalen. Dagegen kann der

Name „Mensch“ sinnvoll nur auf *mich* angewendet werden, wenn „Mensch“ eben heißt: ich, als mein Körper.

Bin *ich* (der Schreibende) also „der Mensch“? Das ist nicht der Fall, und die Andern sind nicht genötigt, mit dem Namen „Mensch“ *mich* zu meinen. Nicht mir, sondern einem Andern, dem Hans Kunz, kommt der Name „Mensch“ wie sein Eigenname zu. Das bedeutet, dass ich, um Mensch zu sein, als Körper und als Bewusstsein eine Selbsterinnerung des Hans Kunz bin. Ich bin nicht „ein Mensch“, ich bin ein Hans Kunz. Die Welt mag Kopf stehen, und die Welt wird dennoch am Pathos des jungen Schelling lernen – in dem „Epikurisch Glaubensbekenntnis“, 1800 – : dass der Mensch die Welt im Busen trägt.

Dass ich, als mein Körper und Bewusstsein, eine Erinnerung des Hans Kunz bin, sagt nicht, dass der Körper des Hans Kunz und mein Körper zwei verschiedene Körper sind. Sie sind *derselbe* Körper, nur *der Zahl nach* verschieden. Die ursprüngliche Zahl entsteht nicht durch das Abzählen von Dingen. Beim Zählen von Dingen gilt, dass 1+1=2 ist. Beim Hans Kunz gilt (obschon die Logik des Aristoteles das nicht vorgesehen hat), dass Sein Körper und mein Körper EINER sind, nur *der Zahl nach* Zwei. Die Zwei bezieht sich auf das körperliche Können des Hans Kunz, 1=2 zu sein. Mutmaßlich wird sich dieses Rätselmysterium dadurch aufklären, dass Hans Kunz in der Lage und Verfassung ist, als sein vollwirkliches Dasein zugleich der Néant und NICHT zu sein (die Theologen munkeln: „Schöpfer“), der in jedem Augenblick aus dem Nichts, in das er sich dauernd hineinhält, in sich hereinspringt. Die Einzigkeit des menschlichen Körpers ist dadurch gegeben, dass der Hans Kunz die nur *der Zahl nach* von ihm verschiedenen Körper der sogenannten Menschen *ist*, aus Seiner Kraft der Erinnerung.

*

Der Hans Kunz ist nicht, wie die Existenzialisten sagen, „in der Welt“, sein Dasein ist nicht ein „In-der-Welt-sein“. Was Welt ist, insbesondere was Zeit ist, kann erst aus dem Dasein des Hans Kunz abgelesen werden. Die Zeit ist als der Hans Kunz ein Element des im Hans Kunz *abgeschlossenen* Weltvorganges, der den Inhalt hat: der Hans Kunz *erinnert* sich, wer er ist. Es ist einzusehen (unter höflicher Ignorierung unserer akademischen „Psychologie“, der die Erinnerung in das Kapitel der Vorstellungsassoziation fällt, während fortschrittliche Naturgelehrte das Gedächtnis wenigstens als eine Eigenschaft oder Funktion der organischen Materie vermuten), dass Erinnerung ein *SCHAFFEN* sein muss. Wenn Rodin im reifen Alter sich erinnern will, wer er kraft langer Arbeitserfahrung und geistiger Entwicklung eigentlich ist, so wird er als diese Erinnerung sein nächstes Werk schaffen. Wenn der Gott Körper sich erinnern will, wer er ist, so wird er seinen Körper schaffen, das heißt er wird das W E R D E N des Körpers erschaffen, als dessen Effekt der Körper (jetzt) am Ende des Weltvorganges der ist, der er (jetzt) am Anfang des Weltvorganges ist, – dies als die Erfüllung, oder vielmehr als Kritik des ahnungsvollen Ideals der Thermodynamik und ihres Konstanzprinzips, das (nach Ernst Mach) wesentlich einem „logischen“ Bedürfnis entspringt und dem Anliegen des Logik-Erfinders Aristoteles dient: den Schöpfer zu leugnen. Denn der Satz, dass ein Kieselstein sich zu sich selbst verhält, ist in der „Logik“, die es nur mit dem „ist“ des Kieselsteins zu tun hat, nicht gewährleistet.

Man kann – dem Geiste Giordano Brunos zugedacht – den Akt der Erinnerung Gottes, der das physikalische Urgeschehen ist, als die Selbstentdeckung der Welt als Schöpfung bezeichnen, nachdem wir es müde sind, den Gott theistisch zu halluzinieren. Man soll von Erinnerung nicht sprechen, ohne in dankender Verehrung des großen Fritz Mauthner zu gedenken.

Dieser mächtige Geniale hat es zuerst erkannt – etwas müde und verzweifelt à la fin du siecle: „Es ist alles nur Erinnerung".

Und tatsächlich, die Erinnerung ist die Eine und Einzige physikalische „Kraft". Die „Naturkräfte" sind Derivate und Teile der Einen Kraft der Erinnerung. Die „Naturkräfte" sind kein Begriff der neueren Physiktheorie; man hat methodisch den anthropomorph-mystischen Begriff der „Kraft" aus der Theorie eliminiert und durch den reinen *Maß*-Begriff „Energie" ersetzt. Das Mystische am Begriffe „Kraft" war der Physik vom Beginne an unbehaglich. Man salvierte sich, die „Schwerkraft" sei nicht physice gemeint, nur mathematice. Die von der exakten Naturwissenschaft entdeckten „Gesetze" – der Begriff erinnert an Jurisprudenz – sind Niemandes mystische Erlebnisse, ein physikalisch erkannter Wärmevorgang ist kein moralischer Akt. Die Gesetze heißen zwar nur insofern „Naturgesetze", als sie *mathematisch* formuliert sind, und manche zählen mit Recht die Mathematik zur Mystik, indem sie sich gegen den Vorwurf verwahren, die exakte Naturwissenschaft schließe prinzipiell die menschliche Innerlichkeit aus dem Erkenntnisobjekt aus. Die „Naturgesetze" der neuen Physik sind jedenfalls als reine „Metrik" umso vollkommener, je mehr in die auf universellen Maßkonstanten aufgebauten Formeln nichts eingeht, was noch von ferne als Erlebnis irgend eines Subjektes zu deuten wäre. Die mythischen „Naturkräfte" sind somit kein Gegenstand der Physikforschung. Die Gravitationskraft und die elektrische Kraft wurden denaturiert zu den puren Maß-Begriffen Masse und elektrische Ladung, und konsequenterweise erblickt die jüngste Physik einen ihrer höchsten Triumphe in der „Verwandlung von Masse in Energie", also in der Reduktion der am meisten resistierenden und am meisten lästigen „Masse" auf den Maß-Begriff „Energie".

Mythologische „Naturkräfte" gibt es für die moderne Physik nur der Volkstümlichkeit halber, sofern man in abendländischer Solidarität zum Ausdruck zu bringen hat, dass man englisch gesteuert ist. Da ist es dann „die Aufgabe der Naturwissenschaft, Kenntnisse der Natur zu vermitteln, die die Menschen in den Stand setzen, die Naturkräfte ihren eigenen Interessen dienstbar zu machen", um „durch eine wirkliche Einsicht in die Zusammenhänge der Natur" – aus der Vollmacht des Eigeninteresses – „den Menschen die richtige Stellung in ihr zuzuweisen" (Werner Heisenberg, Wandlungen in den Grundlagen der Naturwissenschaft, 8. Aufl. 1948, *S. 14*). Was an der Aufgabe der Einordnung der Menschen in die Natur und Gesellschaft als ungelöster Rest etwa übrig bleiben sollte, übernehmen die theologische und juristische Fakultät.

Die erste und einzige „Naturkraft" ist also die Erinnerung des Hans Kunz. Das Verständnis dafür, was Erinnerung sei, ergibt sich zweckmäßig von der Mikrophysik her. Die Mikrophysik vermag bekanntlich das Wunder nicht zu vollbringen, zur Messbasis absolut Null zu haben. Das heißt ja nur, dass sie nicht Unendliches „messen" kann, trotz des optimistischen Schwindels der Infinitesimalrechnung. Das Nichtmessenkönnen des aktuell Unendlichen ist indessen kein Messproblem und auch kein Beobachter-Problem, sondern bedeutet nur, dass Unendliches oder „Kraft" prinzipiell nicht messbar ist, da es nicht die Aufgabe der Physiker sein kann, den Gott zu „messen". Nun *kann* (von „können") der Erinnerungsakt des Gottes Körper, was die Mikrophysik nicht kann: Der Akt der Erinnerung des Hans Kunz misst den Gott Körper mit absolut Null, mit dem Néant und NICHT.

Indem der Hans Kunz die Welt erinnert, d.h. erinnert, wie aus dem Werden der Welt sein Körper und dessen Krönung, sein Gehirn, geworden sind, ist er heimlich ein lebender Toter. Die Kraft der Erinnerung ist das Können eines Toten, und das leibliche Sterben der Menschen das Zeichen und der Hinweis, dass als Subjekt des Bewusstseins der Welt nur „der Tod" in

Betracht kommt, wie es denn eine ganz richtige Ahnung ist, wenn der Nobelpreisphysiker Schrödinger vom „Bewusstsein" sagt, es sei ein Singular, dessen Plural unbekannt ist. (Was ist Leben?, Bern 1949, *S. 138.*) Die Kraft der Erinnerung des Hans Kunz ist ursprünglicher als das leibliche Sterben der Menschen. Wenn ein absolut einziger Kieselstein ein „abgeschlossenes System" bilden wollte, so hätte er als physikalische Betriebskraft aus der Menschenwelt den Tod herbeizuholen. Gesetzt, der Kieselstein, um abgeschlossener physikalischer Weltvorgang zu sein, solle sich erinnern, wie er geworden ist; wie soll der Kieselstein diese Aufgabe lösen?

Wenn der Kieselstein ein Gehirn und Sinne hätte, würde er wohl die *Gegenwart* erinnern können. Er könnte Aussagen machen über die „Doppelnatur" des Lichtes: „ich bin das Gesehene als der Sehende", „ich bin Körper und Wille", als Welle oder Wille komme ich mir von außen entgegen als der, der ich als Korpuskel bin. Gehirn und Sinne würden also als Erinnerungs-Organ nicht ausreichen, um dem Kieselstein zu der Erinnerung zu verhelfen, wie er in Jahrmillionen geworden ist. Auch beim Hans Kunz würde sein Gehirn, die Krone des Weltwerdens, nicht ausreichen als Organ des Erinnerns, wie sein Körper geworden ist. Was ist dann beim Hans Kunz das *Organ* der Erinnerung? *Der Weltvorgang ist das Organ.* Das scheint eine hübsche petitio prinzipii, sozusagen eine Ableitung der Frage aus der Antwort. Und anders kann es ja auch gar nicht sein.

Der physiologische Sachverhalt beim Sicherinnern des Hans Kunz aber ist dieser: Wenn das Gehirn nicht das spezifische Organ des Erinnerns sein kann, so ist dieses Organ das *Blut*. Dem Mediziner und Physiologen bereitet die Vorstellung keine Schwierigkeit, dass das Blut der Erbauer des Menschenorganismus ist. Durch das Gehirn ist „der Mensch" WELT, durch das Blut ist die Welt: ICH, d.h. ihre *moralische* Mächtigkeit. Das phylogenetisch und ontogenetisch *späte* Auftreten des Blutsystems beweist nur, dass der Hans Kunz einen weiten Umweg zu machen hat, um in der Gegenwart der geworden zu sein, der er vor dem Beginne der Weltschöpfung ist. Kosmogonische Wärmevorgänge im Urbeginne des Weltwerdens sind gegenwärtige moralische Handlungen des Hans Kunz, sein Akt der Erinnerung in der Gegenwart setzt die vor Jahrmilliarden geschehende Vergangenheit. Das Können der Erinnerung des Hans Kunz ist somit physikalisch relevant.

Wo der Hans Kunz ist, ist GEGENWART (ich denke: mit dem Beifall des redlich resignierenden Eberhard Grisebach). Wo der Hans Kunz ist, ist diejenige Gegenwart, in der sich der Anfang und das Ende des abgeschlossenen Weltvorganges wechselseitig durchdringen. Wenn der Hans Kunz eine Maus sieht, so unterscheidet er den abgeschlossenen Weltprozess nach „Wahrnehmung“ und „Begriff“. Die Wahrnehmung „Maus“ tritt am Ende des Weltvorganges auf, der „Begriff“ Maus am Anfange der Welt. Die Einheit aus Wahrnehmung und Begriff in der Gegenwart des Hans Kunz *ist* die Maus. Der *Begriff* Maus ist das „Naturgesetz“, nach dem die Maus in tausend Metamorphosen aus dem stofflichen Körper des Hans Kunz in Jahrmillionen geworden ist, und der Hans Kunz persönlich *ist* dieser Begriff. *Vor* der Weltschöpfung ist der stoffliche Körper des Hans Kunz. Die Schöpfung hat den Sinn: der Hans Kunz *wird* der, der er schon immer war und ist. Wann findet also die Weltschöpfung statt? Die Weltschöpfung findet natürlich in der Gegenwart statt, die allermodernsten Kosmogoniker – Dirac, Lemaître, Jordan – betreiben nur alte abendländische Denkgewohnheiten.

Die Welt ist das Selbstverhältnis des Hans Kunz. Wenn Meier und Müller sich begegnen und sich wechselseitig *sehen*, so ist in beider Sehakt der Hans Kunz der NICHT. Indem der Meier den Müller sieht, opfert sich im Objekt Müller der

Bildner der Menschengestalt des Müller, damit die „Kraft" frei werde, deren Meier als Sehkraft bedarf, um den Müller wahrzunehmen. Das Sehorgan des Meier bildet sich grundsätzlich am Wahrnehmungsobjekt Müller – in Jahrmillionen mit Hilfe des NICHT. Analog verhält es sich bei dem den Meier sehenden Müller. Das Sehwesen in Meier und Müller ist EINER, der Hans Kunz oder die Welt, und bevor die Meier und Müller in ein Verhältnis zueinander treten können, z.B. in ein ethisches Verhältnis, sollen sie wissen, dass in ihnen das Sehwesen EINER ist. Meier und Müller sind nicht je „ein Mensch"; Mensch ist EINER, und Meier und Müller sind im Sehen in das Eine Wahrnehmungswesen *eingeschaltet*. Sie entstehen an ihren Wahrnehmungen, indem sie optimistisch sagen: „ich" nehme wahr, anstatt: indem ich den ICH wahrnehme, *werde* ich.

Wenn der Hans Kunz in der Gegenwart einen moralischen Akt setzt, so erzeugt er die physikalische Wärme des Weltvorganges, und der Erzeugungsakt ist wie am Anfang so am Ende des geschlossenen Weltprozesses *präsent* – damit die Armseligkeit jener spätbürgerlichen Lyrik, genannt Energiekonstanz, an den Tag komme. Die Entropie bedeutet die berechtigte Angst des abendländischen Bourgeois vor dem Können des Hans Kunz. Indem Heidegger die Angst als den Grund der Identität der Bürger mit dem Gotte erkennt und lyrisch ausbeutet, ist er der kongeniale Interpret des zweiten Hauptsatzes der mechanischen Wärmetheorie.

Die Geburt der klassischen Physik – in Newtons Formulierung des „Trägheitsgesetzes" – erfolgte nach Maßgabe herrschender Denkgewohnheiten. Eine wichtige Rolle spielte die gewohnte Vorstellung, man sei „ein Mensch". Dass Galilei bei der Geburt der Physik unter WELT nicht den körperlichen Hans Kunz verstand, wirkte sich auf die grundlegenden Fragestellungen aus. Am Beginne der Physik frug man: Wer ist der

Garant dafür, dass eine Vielzahl von Körpern (z.B. menschlichen oder planetarischen Körpern) sich in EINER Welt befinden? Man beantwortete die Frage dahin: der Garant für die Eine Welt sei der Raum. Der *Gedanke* Raum duldet das Außereinander und Nebeneinander der Körper und erstellt zugleich, allerdings *nur in einem Gedanken*, ihre Einheit. Das Fundament der beginnenden Physik war mithin die Annahme, die Einheit der Welt sei nicht ein Körper (sei nicht der Hans Kunz), sondern sei bloß *gedanklicher Art*. Diese ursprüngliche Struktur der physikalischen Weltanschauung, als die Annahme, Gott sei nicht Körper, erhielt sich unverändert bis in die gegenwärtige postklassische „moderne" Physik. Man versteht unter „Welt" – wie z.B. Prof. Aloys Wenzl, indem er der fortgeschrittensten Physik eine Heimstätte in der altrömischen Metaphysik besorgt – die „Abbildung oder Realisierung eines unanschaulichen mathematischen Gebildes". Dagegen wurde schon vor bald fünfzig Jahren das ursprüngliche Fundament der abendländischen Physik, ihr „Welt"-Gedanke, probeweise erschüttert, als Albert Einstein den Anfang machte mit der Einsicht, dass Raum und Zeit nicht, wie man von den Griechen bis zu Kant annahm, apriorisch-gedankliche, sondern *physikalische* Entitäten sind. Aber natürlich ist auch Einstein nur ein verspäteter Grieche, obschon der Vorsehung zugestanden werden soll, dass sie eindrucksvoll verfuhr, als sie die Krönung der Galileiphysik der mindestens *zwei* Steine, die zum Geschehen nötig sind, durch einen ahnungsvollen Gelehrtennamen symbolisierte. Der Hans Kunz ist ein „*Ein*-Steiner".

Was ist der Raum? Newton vermutete in vager und unverbindlicher Weise, der Raum sei das „Sensorium Gottes". Es ist aber klar, dass es den Raum insofern gibt, als der Hans Kunz sein Gehirn als Körper empfindet. Der Körper, das ist entscheidend, ist das Prius des Raumes. In der „Logik" des Aristoteles ist dieses Ordnungsverhältnis nicht vorgesehen, und insofern ist die abendländische Logik als solche ein ernstes Physikproblem. Die Logik des Aristoteles, mit der das Kartenhaus der abendländischen Physik steht und fällt, ist im strengsten Sinne eine Logik des Raumes, in der abendländisch gültigen Begriffshierarchie wird die Spitze nicht vom Begriffe Körper, sondern vom Begriffe Raum eingehalten. Die famose Definition der Undurchdringlichkeit der Körper ist eine Aussage nicht über die Körper, sondern über den Raum: weil zwei physische Körper nicht zu gleicher Zeit den gleichen Raumteil einnehmen können, sollen sie „undurchdringlich" sein. Die Philosophen sanktionieren derlei ohne Federlesens. Der „Seelenforscher" und Geck Franz Brentano, der es als fallierter römischer Priester in Ordnung fand, dass die Physik und moderne „Psychologie" englisch gesteuert sind, sagt: „Es ist unmöglich, dass etwas *ein* wirkliches Ding und eine Vielheit wirklicher Dinge sei. Das hat schon Aristoteles ausgesprochen." Goethe konnte mehr, er konnte sagen: Das Blatt *ist* die ganze Pflanze; das grüne Laubblatt *ist* das Blütenblatt; das Schneeglöckchen *ist* der Steinpilz; die „Urpflanze" *ist* die Pflanzen alle.

Der Gott Körper – als seine Metamorphosen – *ist*: Wärme, Licht, Gas, Ton, Sprache, unstoffliche „Materie" Elektrizität oder Gedanke. Das Schicksal der abendländischen Physik entscheidet sich an dem Verhängnis, dass diese Physik den Begriff der *negativen Materie* nicht gewonnen hat. Der Motor des Weltvorganges, die Sonne, wirkt als negative Materie. Was heißt das?

Über Bewegung

[Handschriftlich noch oberhalb der Überschrift:]
Bewegung ein Element des abgeschlossenen Weltvorganges
Anfang der Bewegung – Wille sichtbar

Durch Galilei und Newton ist das Interessante an der Bewegung nicht die Bewegung, sondern die *Geschwindigkeit.* Beim Aufbau der exakten Naturwissenschaft tritt die Geschwindigkeit von vornherein nicht als „Erlebnis" eines Subjektes, sondern als zahlenmäßiger *Maßbegriff* auf, denn das Ziel der Forschung ist die Gewinnung von Gesetzen, die insofern Naturgesetze heißen, als sie mathematisch formuliert sind. Die Naturgesetze sind Niemandes mystische Erlebnisse, dagegen werden sie als reine „Metrik" umso vollkommener sein, je mehr in die auf universellen Maßkonstanten aufgebauten Formeln nichts eingeht, was noch als Erlebnis irgendeines Subjektes zu deuten wäre. *[Handschriftlich:]* vermeintliche Objektivität

Obwohl also die „Geschwindigkeit" grundsätzlich ein zweckmäßiger *Maßbegriff* ist, war es aus der geistigen Verfassung der Galilei und Newton nicht zu vermeiden, dass nach der „Ursache" der Beschleunigung („Kraft") gefragt wurde. Es bedeutet denn aber doch eine starke intellektuelle Zumutung, nach der „Ursache" eines *Maßes* zu fragen. Etwa „Ursache des Metermaßes" wäre ein purer Unsinn, da hier Ursache einsichtig nichts weiter bedeutet als die Fähigkeit der Physiker, zweckmäßige Messkonventionen zu statuieren im Hinblick auf das Ziel einer Welt-Metrik. Man muss es der „abendländischen" Geistesverfassung der Barockepoche zugute halten, dass der Mechaniker Newton unter der „Ursache der Beschleunigung" eine halbmythologische „Kraft" vorstellte.

Es konnte gar nicht anders sein, als dass vom Beginne der „exakten“ Naturwissenschaft an der Antrieb zur Eliminierung des mystischen Kraftbegriffes wirksam war. Im 20. Jahrhundert gelingt es der Physik, die Kraft-Ursache der Beschleunigung (Gravitation) in exakte physikalische „Energie“ zu verwandeln. Damit war der *Maß*begriff „Geschwindigkeitsbeschleunigung“ wiederum auf einen reinen *Maßbegriff*, eben die „Energie“, zurückgeführt. Die stolze Errungenschaft des 20. Jahrhunderts, die Physik des „metrischen Weltbildes“, wächst höchst folgerichtig aus der Grundlegung der Physik durch Galilei und Newton heraus.

Das Weltbild der Metrik (die anorganische Natur die Abbildung eines unanschaulichen mathematischen Gebildes) ist kein Endideal. Nach unserer Einsicht ist es vielmehr der Ausdruck einer Krisis, deren Auflösung in einer originalen Fundierung just des Begriffes „Kraft“ bestehen wird.

Beim Aufbau einer *universellen physikalischen Weltanschauung* (die in ihr Problem notabene alle denkbaren theologischen, philosophischen, psychologischen etc. Fragen einschließt) kann der Begriff der Kraft nicht entbehrt werden, es kommt darauf an, ihn sinnvoll einzusetzen. Historisch gesehen, wurde die mystische „Kraft“-Vorstellung am beobachtenden Subjekt gewonnen. Als dann die mechanistische Weltanschauung fortschreitend den Beobachter durch abstrakte „Bezugssysteme“ ersetzte, alles Erlebnishafte zugunsten idealer „Objektivität“ ausschloss, so bedeutete dies die fortschreitende Diskreditierung der „Kraft“-Vorstellung (im Zusammenhang mit der Perhorreszierung der Fernwirkung) und die Anregung zur endgültigen Eliminierung des Kraftbegriffes (Hertz). Dem strengen Objektivismus der Physik blieb das Problem erspart, das umso heftiger die Philosophie bedrängte: das Problem der Identität und Indifferenz von Welt-Subjekt und Welt-Objekt (Schelling). Doch siehe da, in der „Physik des 20. Jahrhunderts“

wurde unvermutet ausgerechnet das *Subjekt* des Beobachters interessant. In der Mikrophysik wird der Beobachter zum integrierenden Element des „objektiven“ Experiments. Was Schelling kühn und souverän als Grundfaktum des höheren Wissens postuliert hatte: die Indifferenz von „Welt“ und „Ich“, macht sich ungebeten geltend als „Verwischung der Grenze zwischen Objekt und Subjekt“ (Bohr).

Trotz frohlockender Buchtitel bilden die auseinanderklaffenden Komplexe der Relativitätstheorie und Quantenphysik kein einheitliches Gebilde „Physik des 20. Jahrhunderts“. Dagegen liegt das einheitlich Erregende der zwei Komplexe darin, dass von beiden stärkste Anregungen zu einer Philosophie des Beobachters ausgehen. In der Relativitätsphysik bilden sich die geometrischen und temporalen Maßbegriffe und Messwerte an und mit den physikalischen Abläufen, sie sind den physikalischen Vorgängen gleichsam inhärent. Umgekehrt bewirkt in der Mikrophysik der Beobachter eine „objektive“ Veränderung des beobachteten Objekts. In beiden Fällen aber hat man es, nach unserer Einsicht, mit einer versuchsweisen Annäherung an den weitaus interessanteren Status zu tun, wo der Beobachter prinzipiell am Objekt der Beobachtung erst *entsteht* (während in der persönlichen Einheit des Beobachters und des Beobachteten das Urfaktum WELT gegeben ist).

Der gemeinte Status wird insbesondere den Begriff der „Kraft“, die als solche grundsätzlich nicht messbar ist, rehabilitieren.

*

Dieser in der „Physik des 20. Jahrhunderts“ wirksamen Entwicklungstendenz mit der Perspektive, dass das Beobachtete als Ursache und der Beobachter als Wirkung des Beobachteten auftreten wird, meint sich ein tiefsinniger Mann, Otto Brühlmann, entgegenstemmen zu sollen.

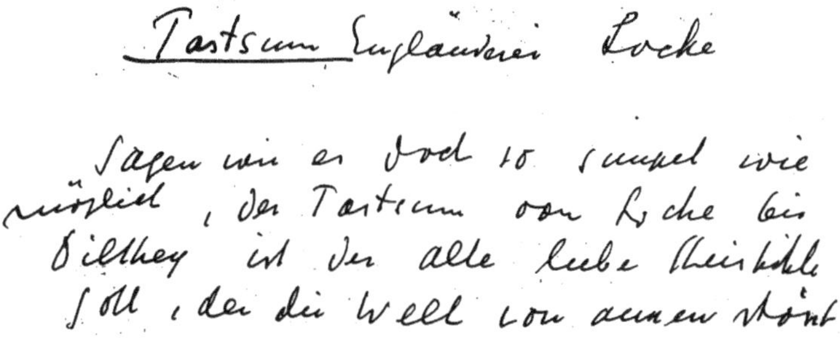

Tastsinn Engländerei Locke

Sagen wir es doch so simpel wie möglich, der Tastsinn von Locke bis Dilthey ist der alte liebe theistische Gott, der die Welt von außen stößt

Tastsinn Engländerei Locke

Sagen wir es doch so simpel wie möglich, der Tastsinn von Locke bis Dilthey ist der alte liebe theistische Gott, der die Welt von außen stößt

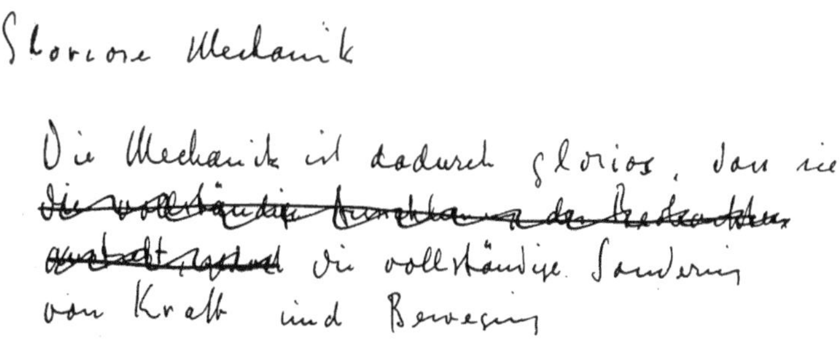

Gloriose Mechanik

Die Mechanik ist dadurch glorios, dass sie ~~die vollständige Ausschließung des Beobachters anstrebt, wodurch~~ die vollständige Sonderung von Kraft und Bewegung

Gloriose Mechanik

Die Mechanik ist dadurch glorios, dass sie ~~die vollständige Ausschließung des Beobachters anstrebt, wodurch~~ die vollständige Sonderung von Kraft und Bewegung

Man unterschätzt heute, was an der materialistischen Theorie des 19. Jahrhunderts (Thermodynamik) groß ist. ~~Der Materialismus hat zwar keinen Begriff des physikalischen Geschehens, aber er kann wenigstens~~ Groß ist die Tendenz, den Begriff des *physikalischen Geschehens* ~~gleichsam~~ auf Gott, d.h. auf die WELT, zu orientieren. Groß ist die Tendenz, das *physikalische* Geschehen als Ur- und Grundgeschehen zu verstehen, wodurch z.B. „Urzeugung", also Entstehung von „Leben" aus „Physik" ein legitimes Problem ist, mag die im 19. Jahrhundert mögliche Traktierung des Problems ~~der Urzeugung~~ noch so schief und krumm sein. Unsere ... Forscherleute sind heute nicht in der Verfassung, den Materialismus als Gottesgabe anzuerkennen, weil sie noch nicht begriffen haben, dass die „klassische" Physik des 19. Jahrhunderts im strengsten Sinne eine Erscheinungsform des ebenso klassischen jüdisch-christlichen *Theismus* ist. In der „Theorie" des 19. Jahrhunderts legt sich der abendländische Gott die Frage vor, ob und wie ER es sich leisten kann, Materialist zu sein. Die Lösung dieser Frage wäre dann die Überwindung des Materialismus. Bequemer nämlich ist diese nicht zu haben.

*

„Die Physik des 20. Jahrhunderts" (frohlockender Buchtitel P. Jordans) ist kein einheitliches Gebilde. Das Einheitliche liegt für uns darin, dass die divergierenden Komplexe Relativitäts- und Quantenphysik mit ihrer Komplementaritäts-Problematik Anregungen ergeben zur Neubeurteilung des Verhältnisses der Maßbegriffe zum mystischen Begriffe der „Kraft". Einstein räumt mit jedem Kantschen Apriorismus auf, wenn er die geometrischen und temporalen Maßbegriffe gleichsam den physikalischen Vorgängen inhärent sein lässt.

*

Wenn man bei der Geburt der Physik im Barockzeitalter, also unter den Bedingungen einer bestimmten abendländischen, heute schon „historisch" überschaubaren, geistigen Situation über physikalische *Geschwindigkeit* nachzudenken begann, so will das nicht heißen, dass das Denkthema damals schon ganz ausgeschöpft wurde. Es besteht kein Hindernis, das Thema unter eventuell radikal veränderten Voraussetzungen neu aufzunehmen.

Ich habe über physikalische Geschwindigkeit nachgedacht, und mir einige neuartige Vorstellungen gebildet. Als das wirkende Zentralmotiv beim Aufbau der „exakten" Naturwissenschaft fand ich den Gedanken unserer griechischen Wissenschaftsväter: Gott sei kein Körper.

*

Die „klassische" Physik mit ihrem Höhepunkt in der Thermodynamik ist eine Erscheinungsform des abendländischen Theismus. Dass diese Tatsache den „modernen" Physikern unbekannt ist, ist ein Grund, sie mit der Tatsache bekannt zu machen.

Beim Aufbau der „klassischen" Physiktheorie waren bestimmte *Denkgewohnheiten* noch wichtiger als die entdeckten Tatsachen. Die klassische Physik wurde geschaffen mit den Denkgewohnheiten des ebenso klassischen *jüdisch-christlichen Theismus*

„Kann" Gott irren?

Sinneswahrnehmung nach Wirklichkeit
Tastsinn

~~Von der~~ Selbstentdeckung der Welt

Thema der Physik ist die sich selbst ~~erkennende~~ WELT.

Voraussetzung einer Physik, deren ~~Subjekt~~ Objekt und Subjekt die Welt ist, ist die Selbstentdeckung der Welt. Die Welt, (also „Gott"), nämlich der ~~ewig werdende~~ unendliche Körper, wird ewig, was er ist. Das „ruhende" Bezugssystem auf welches das Werden zu beziehen ist, ~~ist der Leichnam~~ ~~...~~ wird symbolisiert durch den Leichnam, ~~ist aber~~ ist in Wirklichkeit ein Bewusstsein: nämlich die Kraft der Erinnerung oder die Ahnung der Vorgänge, wie der „fertige" Menschenkörper geworden ist. Diese ~~Die~~ Erinnerung ist die einzige „Kraft" der Welt, wie der Körper die „Gestalt" der Welt ist. Weil Kraft und Gestalt der Welt eine unteilbare Einheit sind, ~~besteht~~ besteht die Erinnerung, ~~...~~ als das „Bewusstsein ~~...~~ des Todes" darin, dass „der Mensch" einen neuen Menschen „aus dem Nichts" aufbaut.

Der abgeschlossene Weltvorgang hat den Inhalt: „Der Körper-Mensch" wird, was er ist.

Philosophie will die Welt verstehen und erklären, „der Mensch" hat als der sich Verstehende die Welt zu sein.

Die Welt – als Welt – „pflanzt sich fort", der Tod ist der Befruchtungsakt.

„Bezugssystem" Der Tod oder die Kraft der Erinnerung ist das „ruhende Bezugssystem"

Doppelnatur des Lichts

Der Vorgang der Erinnerung ist vergleichbar dem Tun des Malers: Wenn sich der Maler erinnern will, was er ist, d.h. was er in harter langer Arbeit geworden ist, dann besteht seine Erinnerung in dem nächsten Bilde, das er malt. Die gemalte Erinnerung ist eine Waffe.

Masse Gravitation

~~Von der~~ Selbstentdeckung der *Welt*

Sinneswahrnehmung nicht Mitteilungen

Tastsinn

Thema der Physik ist die sich selbst wissende WELT.

Voraussetzung einer Physik, deren Objekt und Subjekt die Welt ist, ist die Selbstentdeckung der Welt. Die Welt (also „Gott"), nämlich der ~~ewig werdende~~ menschliche Körper, *wird* ewig, was er *ist*. Das „ruhende" Bezugssystem auf welches das Werden zu beziehen ist, wird symbolisiert durch den Leichnam und ist in Wirklichkeit ein Bewusstsein: nämlich die *Kraft der Erinnerung* oder die Anschauung [?] des Vorganges, wie der „fertige" Menschenkörper geworden ist. Diese Erinnerung ist die Einzige *„Kraft"* der Welt, wie der Körper die *„Gestalt"* der Welt ist. Weil Kraft und Gestalt der Welt eine indifferente Einheit sind, muss die genannte Erinnerung als das „Bewusstsein des Todes" darin bestehen, dass „der Mensch" einen neuen Menschen „aus dem Nichts" aufbaut.

Der Vorgang der Erinnerung ist vergleichbar dem Tun des Malers: Wenn sich der Maler *erinnern* will, was er *ist*, d.h. was er im Laufe langer Arbeit geworden ist, dann besteht seine Erinnerung in dem nächsten Bilde, das er malt. Die gemeinte Erinnerung ist ein *Schaffen.*

[???] Gravitation

Der abgeschlossene Weltvorgang hat den Inhalt: Der Körper-Mensch *wird*, was er ist.

Philosophie will die Welt verstehen und erklären, „der Mensch" hat als der Sich Verstehende die Welt zu *sein.*

Die Welt – als Welt – „pflanzt sich fort", der Tod ist der Befruchtungsakt

„Bezugssystem"

der Tod oder die Kraft der Erinnerung ist das „ruhende Bezugssystem"

Doppelnatur des Lichts

Beim Anblick der Selbstentdeckung der Welt zeigt sich das physikalische Geschehen als gegliedert. Es heben sich Konstanten heraus, die nun nicht ~~mathe~~ geometrisch-mathematische Symbole sind, sondern unterschiedliche Tätigkeiten des Einen Weltkörpers, der „Substanz", die als Körper Geist, und als Geist Körper ist. Die Welt, oder – was das Gleiche bedeutet – „der Mensch" zeigt sich als ausgegliederte Substanz: Mineralische Substanz, lebende Substanz, empfindende Substanz, und denkende Substanz.

Die höheren Substanzglieder sind „Aussonderungen" der unteren bzw. des untersten. Die denkende Substanz verhält sich zur mineralischen, wie die Wärme ~~bei einem~~ zu einem mechanischen Reibungsvorgang, ~~entstehende~~ bei dem die Wärme entsteht. „Denken" ist ~~die Bewegung~~ „Wärme", nämlich die von den Physikern als extensive „Bewegung" gemeinte „Wärme" als intensiv Seiendes, zugleich Körper (Stoff) und Geist.

Ich-Substanz = Gehirn

Die Glieder stehen untereinander in die mannigfachsten Wechselwirkungen.

Naturreiche: Indem sich die einheitliche Substanz die Frage beantwortet: „Wie bin ich die Natur", unterscheidet sie vier Naturreiche: Mineralreich, Pflanzenreich, Tierreich, Menschenreich

Beim Anlass der Selbstentdeckung der Welt zeigt sich das physikalische Geschehen als gegliedert. Es heben sich *Konstanten* heraus, die nun nicht geometrisch-mathematische Symbole sind, sondern unterschiedliche Tätigkeiten des Einzigen Weltkörpers, der „*Substanz*“ die als Körper Geist, und als Geist Körper ist. Die Welt, oder – was das Gleiche bedeutet – „der Mensch“ zeigt sich als viergliedrige Substanz: Mineralische Substanz, lebende Substanz, empfindende Substanz, und denkende Substanz. Die höheren Substanzglieder sind „Aussonderungen“ der unteren bzw. der untersten. Die *denkende* Substanz oder Ichsubstanz verhält sich zur *mineralischen*, wie die Wärme zu einem mechanischen Reibungsvorgang bei dem sie entsteht. „Denken“ *ist* „Wärme“, nämlich die von den Physikern als extensive Bewegung gemeinte „Wärme“ als *intensiv* Seiendes, zugleich Körper (Stoff) und Geist. Ich-Substanz = Gehirn

Die Glieder stehen untereinander in die [den] mannigfachsten Wechselwirkungen.

Naturreiche

Indem sich die einheitliche Substanz die Frage beantwort[et]: „*Wie* bin ich die Natur“, unterscheidet sie vier Naturreiche: Mineralreich, Pflanzenreich, Tierreich, Menschenreich

Brü[hlmann] Thesen

1) Die Sinneswahrnehmungen sind nicht „Mitteilungen der Welt“ an den Menschen. Es ist die größte Illusion sich ein Verhältnis von Sinneswelt und Mensch denken zu wollen. Im strengsten Sinne sind Welt und Mensch *derselbe* „Gott“. In der Sinneswahrnehmung verhält sich die Welt zu sich selbst. Jede Wahrnehmungstheorie ist auf dem Holzweg, die als das Subjekt der Sinneserfahrung nicht die Welt (Gott) selbst versteht. Dieses Subjekt ist EINER, „der Mensch“ als solcher, keine metaphysische Idee, sondern Tatsache. In das Eine Erstsubjekt sind die Erkenntnissubjekte der vielen Menschen als Teilnehmer eingeschaltet.

2) Warum ist es unsinnig, sich ein Verhältnis von Sinneswelt und Mensch denken zu wollen? Weil derjenige, der sich anmaßt, dieses Verhältnis vorzustellen, durch die Sinneswahrnehmungen *überhaupt erst ins Dasein gesetzt wird.* Die Sinneswahrnehmungen sind in der Tat letzte Elemente, nur in einem andern als dem Mach'schen Sinne. Die Sinneswahrnehmungen setzen *mich* ins Dasein (was an Schlafenden oder Toten evident wird)

*

Brief Brü[hlmann]

Ihre sozusagen logische Deduktion der Quantelung (S. 2 des Offenen Briefes, „es braucht keinen Heisenberg...“) hat mir stark zu denken gegeben. Es liegt viel zwingend Richtiges in dem Gedanken, dass das physikalische Messen, weil immer zweckgerichtete Willkür bedeutend, nicht „Gott“ messen kann, weil es sonst voll und ganz bis zum Nichts hinunter und bis zum [???] hinauf messend sein müsste. Das Messen kann nicht mit Null messen, nicht als Null messend sein. Wo diese Erkenntnis akut zu werden droht, müssen die Physiker also von der Diskontinuität und Quantelung des Wirklichen sprechen. Sie haben diesen Gedanken schon in „Physik am Tor zur Metaphysik“ (Fußnote S. 36) vorgetragen. Wenn ich nun den Akzent auf „bis zum Nichts hinunter“ verlege, und außerdem das „bis zum Nichts hinunter“ als *Ideal* verstehe, dann komme ich zu dem Punkt, wo mir die zum Messen unentbehrliche „Gestalt“ entschwindet – im Nichts. Die Kraft als solche ist unmessbar. Aber genau an dieser kritischen Stelle sehe ich gebieterisch das Problem der *inhaltlichen Identität* von „Kraft“ und „Gestalt“ auftreten, und gar sehe ich das Identitätsverhältnis auch noch als Kausalverhältnis: das Gesehene die Ursache, das (mit dem Gesehenen identische) Sehen die Wirkung.

Ich versuche meine Gedanken vorläufig zu ordnen indem ich einiges aufschreibe unter dem Titel „Über Bewegung“. Davon sende ich Ihnen beiliegend einige Seiten, und will sehen, wie ich weiterkomme.

Es ist jedenfalls hübsch, dass durch die Quantensprünge *ganze Zahlen* „entstehen“; diese ganzen Zahlen symbolisieren die am Gesehenen entstehenden Sehsubjekte. Diese ganzen Zahlen sind denn doch etwas Erstaunliches. Sie sind deswegen *ganze* Zahlen, weil sie die menschlichen Seh-Subjekte repräsentieren.

*

Der Geburtsakt der „mathematischen“ Naturwissenschaft fällt in die Entdeckung des Trägheitsgesetzes. Diese Entdeckung war insbesondere eine Selbstenthüllung. Wer war man denn? Man war ein Genosse der Teilhaber am christlichen Abendlande. Das heißt, man betrieb Wissenschaft mit den Begriffen, die Aristoteles seinen abendländischen Erben zur Verfügung stellt. Somit statuierte man eine grundschiefe Definition der Trägheit des trägen Körpers. Der Theist und römische N *[bricht ab]*

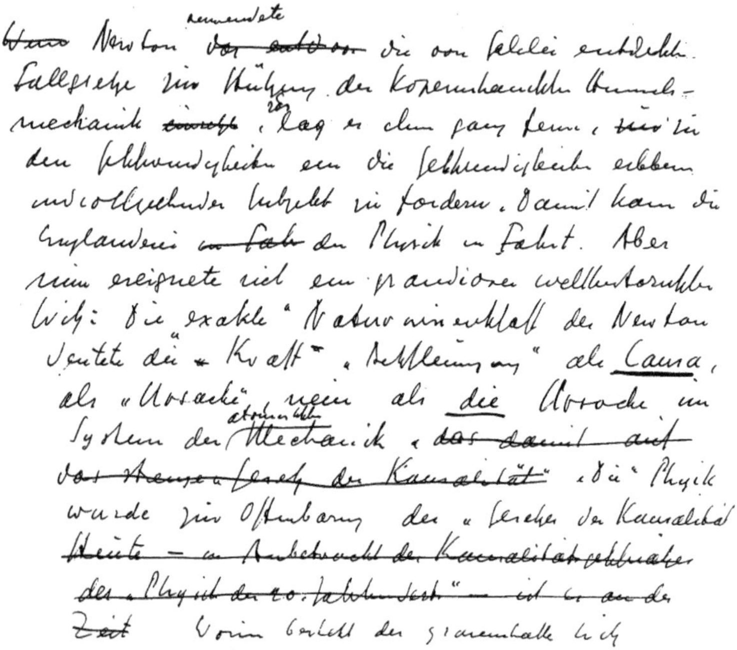

~~Wenn~~ Newton ~~das entd von~~ verwendete die von Galilei entdeckten Fallgesetze zur Stützung der Kopernikanischen Himmelsmechanik ~~einsetzte~~. Es lag ihm ganz fern, zu den Geschwindigkeiten ein die Geschwindigkeiten erlebendes und vollziehendes Subjekt zu fordern. Damit kam die Engländerei der Physik in Fahrt. Aber nun ereignete sich ein grandioser welthistorischer Witz: Die „exakte" Naturwissenschaft des Newton deutete die Kraft „Beschleunigung" als *Causa*, als „Ursache", nein als *die* Ursache im System der atomistischen Mechanik~~, das damit auf das strenge „Gesetz der Kausalität"~~. „Die" Physik wurde zur Offenbarung des „Gesetzes der Kausalität". ~~Heute – in Anbetracht der Kausatitäts### der „Physik des 20. Jahrhunderts" – ist es an der Zeit~~ Worin besteht der grauenhafte Witz

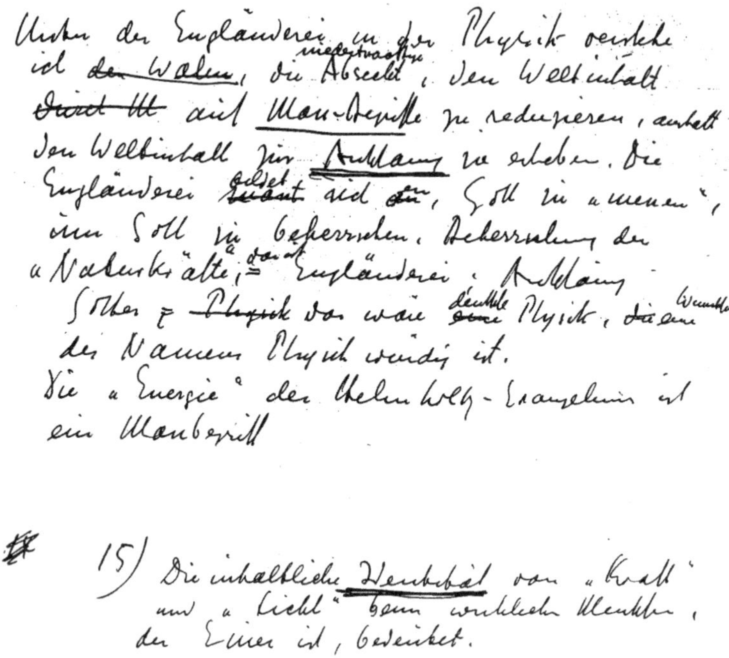

Unter der Engländerei in der Physik verstehe ich ~~den Wahn~~ die niederträchtige Absicht, den Weltinhalt auf *Maß-Begriffe* zu reduzieren, anstatt den Weltinhalt zur *Anschauung* zu erheben. Die Engländerei bildet sich ein, Gott zu „messen", um Gott zu beherrschen. Beherrschung der „Naturkräfte", das ist Engländerei. Anschauung Gottes, das wäre deutsche Physik, eine Wissenschaft [die] des Namens Physik würdig ist.

Die „Energie" des Helmholtz-Evangeliums ist ein Maßbegriff

~~14)~~ 15) Die inhaltliche *Identität* von „Kraft" und „Licht" beim wirklichen Menschen, der Einer ist, bedeutet

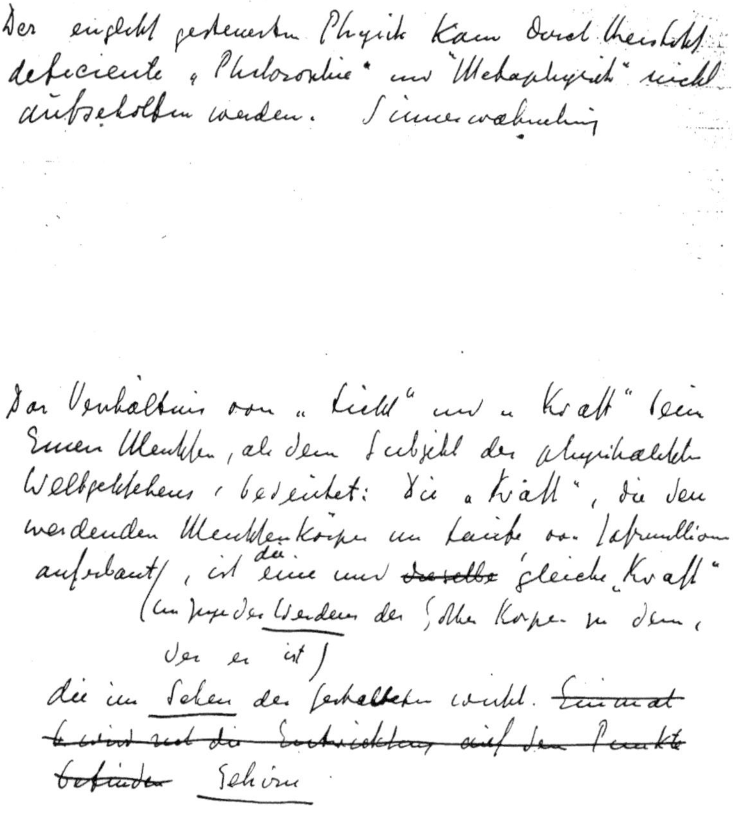

Der englisch gesteuerten Physik kann durch theistisch deficiente „Philosophie“ und „Metaphysik“ nicht aufgeholfen werden. Sinneswahrnehmung

Das Verhältnis von „Licht“ und „Kraft“ beim Einen Menschen, als dem Subjekt des physikalischen Weltgeschehens, bedeutet: Die „Kraft“, die den werdenden Menschenkörper im Laufe von Jahrmillionen auferbaut (im Zuge des *Werdens* des Gottes Körper zu dem, der er ist), ist die eine und gleiche „Kraft“, die im *Sehen* des Gestalteten wirkt. ~~Einmal wird sich die Entwicklung auf dem Punkte befinden~~ *Gehirn*

Erläuterungen des Herausgebers

Bei der Wiederauflage dieses schmalen Büchleins, das 1994 zu den ersten Veröffentlichungen unseres Verlages gehörte, stand zur Frage, ob es durch Hinzunahme weiterer Texte erweitert werden soll. Karl Ballmers (1891-1958) Nachlass bietet noch unveröffentlichtes Material zur Genüge, wovon sich auch ein großer Teil auf „Physik" – auf Ballmers an Rudolf Steiner orientierte „ausgefallene Idee von Physik", wie er sich einmal Hermann Weyl gegenüber ausdrückte – bezieht. Das Kriterium zur Zusammenstellung von Texten aus dem Nachlass liegt indessen sinnvollerweise vor allem in den konkreten Bezügen, in denen sich Ballmers Schreibtätigkeit entfaltete: in erster Linie in seinen Briefkontakten. Auf Briefpartner hin hat Ballmer vielfach nicht nur die regelmäßigen Durchschläge seiner Briefe, sondern auch Notizen und Entwürfe in die entsprechenden Mappen eingeordnet.

Der hier wiedergegebene Haupttext „Die moderne Physik ein philosophischer Wert" liegt als säuberlich ausgeführtes und mit Seitenzahlen versehenes Typoskript von 11 Seiten vor. Von den zusätzlich in diesem Faszikel liegenden Notizen und Entwürfen (das meiste handschriftlich) wird in dieser Neuauflage ein Großteil veröffentlicht (z.T. faksimiliert), jedoch nicht alles. Die Mappe trägt die Aufschrift „Brühlmann / Dez. 51". An diesen Namen knüpften sich denn auch die Erweiterungsüberlegungen. Der 1883 geborene Otto Brühlmann war Ingenieur und hatte nach Jahren der Tätigkeit im Ausland und einem Entschluss zu „innerer Einkehr", wovon er Ballmer berichtet, seinen Lebensinhalt darin gefunden, seine selbsterarbeitete kritische Position zur zeitgenössischen Physik – insbesondere zum Thema „Licht" – in einer Reihe von Schriften zu verbreiten. Ballmer war ca. 1943 auf ihn aufmerksam geworden; ab 1945 entwickelt sich ein intensiver Briefwechsel. Ballmer ist „erschüttert von der prophetischen Wucht Ihrer Pionierarbeit" und versucht, „das in meinen Kräften Liegende zu tun, um zur Anerkenntnis Ihrer Gedanken beizutragen" (Brief vom 21. August 1945).

Der hierzu im Nachlass vorliegende Materialkomplex ist umfangreich und verdient jedenfalls eine gesonderte Veröffentlichung (im Verlag Fornasella erschien 2006 bereits Ballmers Artikel mit dem bezeichnenden Titel „Ein neuer Galilei?"), dies auch deswegen, weil Ballmers Zustimmung trotz der zitierten begeisterten Äußerungen gerade nicht vorbehaltlos ist und er an Brühlmanns Position im sachlichen Dialog seine eigene schärft. (Umgekehrt entkräftet Brühlmann gleich im ersten Antwortbrief Ballmers Sorge, er könne sich etwa für Ballmers Sache „eingespannt“ fühlen: „Ihr anthroposophischer Herzensgrund braucht uns gar nicht im Wege zu stehen...“.)

Einige wenige Materialien der genannten Mappe von 1951 beziehen sich nun eher speziell auf diese Auseinandersetzung mit Otto Brühlmann und sind ohne diesen Kontext kaum verständlich, weswegen wir sie für besagte spätere Publikation vorbehalten.

Der „Moderne Physik“-Text dagegen ist so „allgemeingültig“, dass nicht einmal sicher erscheint, ob er das „Memorandum“ ist, das Ballmer in einem in der Mappe enthaltenen Brief an Brühlmann vom 1. November 1951 verspricht:

> „Ich habe in den letzten Jahren stark daran gearbeitet, meine Gedanken über eine universelle physikalische Weltanschauung zu vertiefen und zu ordnen. Ich habe die Absicht, in einem knappen Memorandum Ihnen einige Thesen vorzulegen.“

Es könnte auch sein, dass hiermit die offenbar fragmentarisch erhaltenen nummerierten „Thesen“ gemeint sind, die hier auf Seite 32 und 35 wiedergegeben sind (nebst einem weiteren, hier nicht aufgenommenen „verlorenen“ Blatt mit ähnlicher Nummerierung).

Das Typoskript trägt die handschriftliche Widmung „In dankb. verehr. Ged. an P. M. G.“. Es konnte noch nicht in Erfahrung gebracht werden, um wen es sich hier handelt.

Einzelne Hinweise

Zu Seite

8 *„durch Wissen hindurch“*: Der nach Ballmer „monumentale“ Eröffnungssatz von Herman Schmalenbachs „Geist und Sein“ lautet: „Dass alles, was gewusst wird, nur dadurch gewusst wird, dass es gewusst wird – alles Gewusste sozusagen nur ‘durch Wissen hindurch’ gewusst wird, Wissen ‘vor’ allem Gewussten steht – : diese bedeutungsvolle Selbstverständlichkeit bestimmt nach wie vor den Einsatz der Philosophie.“ Vgl. den Band in unserm Verlag: Karl Ballmer, Ehrung – des Philosophen Herman Schmalenbach (2006).

13 *Epikurisch Glaubensbekenntnis*: Das in der Erstauflage nur in einem kurzen Auszug wiedergegebene Gedicht von Schelling ist auf unserer Internetsite www.edition-lgc.de ungekürzt zu lesen.

32 *Offenen Briefes*: Otto Brühlmann, Offener Brief an die Theologen und die Philosophen, 1951 im Selbstverlag (Kreuzlingen).

33 *Physik am Tor zur Metaphysik*: München, Verlag Reinhardt 1935.

33 *„Über Bewegung"*: Siehe hier S. 22-24.

35 *deutsche Physik*: Vgl. hierzu die in unserm Verlag 1995 erschienene umfangreiche Schrift von Karl Ballmer „Deutsche Physik – von einem Schweizer" (entstanden 1949/1950).

Erwähnte Literatur

Die kursiven Stellen bei den Zitatquellen im Text sind Ergänzungen durch den Herausgeber.

Einstein, Albert: Quanten-Mechanik und Wirklichkeit. In: Dialectica, Jahrgang 2 (1948), Heft 3/4, S.320-324.

Einstein, Albert / Infeld, Leopold: Die Evolution der Physik. Berechtigte Übers. der amerik. Originalausgabe von Werner Preusser. Wien: Zsolnay, 1950. 352 S.

Heisenberg, Werner: Der Begriff „abgeschlossene Theorie" in der modernen Naturwissenschaft. In: Dialectica, Jahrgang 2 (1948), Heft 3/4, S.331ff.

Heisenberg, Werner: Wandlungen in den Grundlagen der Naturwissenschaft (8 Vorträge), 8., erweiterte Aufl., Stuttgart: Hirzel, 1949. 112 S.

Jordan, Pascual: Die Physik des 20. Jahrhunderts : Einführung in den Gedankeninhalt der modernen Physik. Braunschweig: Vieweg, 1949, 159 S.

March, Arthur: Natur und Erkenntnis: die Welt in der Konstruktion des heutigen Physikers. Wien: Springer, 1948, 239 S.

Personenregister